给孩子的科学素养**漫画书**

阿德老师的科学教室

④ 植物大搜密

著／廖进德　编／信谊编辑部
图／樊千睿

四川少年儿童出版社

自序

每个孩子都可以喜欢学科学

很多事情在无心插柳下，由于天时地利人和，就顺其自然成就了一件好事。将儿童科学学习的记录转化成漫画书，并不是一开始就计划好的，如今能变成漫画书，带动孩童对科学产生兴趣，进一步动手学科学，真是一件美好的事!

源自真实课堂记录的科学漫画

《阿德老师的科学教室》这套漫画，源于我在信谊引导上小学的孩子每周开展一次科学学习的记录。漫画书中的阿德老师、安安、乔乔、小钧，就是我和这些孩子们的化身，你一言我一语的对话，都是来自孩子在课堂上真实的表现。课堂中老师和孩童的互动与讨论，时常迸出惊人之语，有时孩子还真能在不知科学知识的情况下，说出科学史上科学家当时的发现。在学习过程中，孩子的观察、思考、探索、想象等，实在令人印象深刻。我一直深信，孩子如有适当的引导，通过动手探索学科学，可以增进上述能力，并且爱上学习。

启动孩子科学探索的开关

我和信谊的渊源始于2011年，信谊邀请我参加面向幼儿的“亲子一起玩科学”活动。长期以来我的教学对象都是上小学的孩子，但我从那次经验中发现，幼小的孩子其实也能愉快地接触科学。通过动手做实验，满足孩子的好奇心，开启探索真实世界的开关。在那之后，我便进入信谊幼儿实验幼儿园与亲子学堂，并针对不同年龄层的孩子设计一连串科学活动课程，教学活动延续至今。

符合教育发展趋势

我从事儿童科学教育多年，清楚地知道，老师要解构转化教材，选用适当的方法引导孩子，如同导演一般让课堂朝着正确的方向走，让孩子成为学习的主人，他的学习才可能是主动、积极的。奥斯贝尔（D. P. Ausubel）的“有意义的学习”论（meaningful learning），强调有意义的学习是“主动地”探索，而不是“被动地”接受。老师如能顺性引导和支持，孩子就可以在学习的路上逐步踏实前进。现今教育发展趋势是特别重视科学素养，要培养孩子在真实的情境下，会用所学的知识和能力展现出具体的学习成果，进而解决情境中可能产生的问题。综观自己设计的科学活动及漫画中孩子们观察、探索、推论、相互辩证与实操的过程，不正是呼应了当今教育发展提出的理念与精神吗？做错了没关系，在试错中学习更多，是孩子在小学阶段学习基础科学的必经之路，特别是在科学方法中的“观察”，这种好的观察可以收获知识、技能和良好的学习态度。因此，我特别喜欢引发孩子的观察力，赞赏、肯定孩子的回应，让孩子先不怕说错，日后他才会愿意说。至于对做错或做不好的孩子，我会说：“做错了，学到更多。”爱迪生发明电灯时，灯丝的实验尝试几百次都失败，人们笑他，他说：“我每次都成功呀！我不是证明它们都不适合做灯丝了吗？”让孩子不怕犯错，从错误尝试中寻找正确的方法，更是一种重要的学习。

鼓励孩子清楚表达自己的观点

此外，能将观察、推论的见解，有条理地表达出来也很重要。因此我也特别重视发言，鼓励孩子说出完整的话，不可使用只言片语就想蒙混过关。日积月累，养成孩子习惯于用科学的眼光和头脑去观察和思考，整理并完整表达所思所见。鼓励孩子要“先有想法”，“再有做法”，“然后经过验证再说出来”，这是学科学重要的学习历程，也是这一套书的精神。

帮孩子建立好的学习模式

这套书除了记录老师与孩子的互动，更多的是记录孩子与孩子间的火花。孩子也会鼓励、赞赏他们的老师，加上适当的引导，孩子个个都能成为主角。老师能支持他们的学习，在他们遇到困难时适时伸出援手，孩子自然会对学习产生信心，进而积极学习。孩子也在同学的提问和回答中，逐渐建立一个好的学习循环模式。

邀您一起成就孩子的未来

在我退休之后，还有这个机会继续从事科学教育，得天下英才而教，真乃万分庆幸。希望《阿德老师的科学教室》这套漫画书，对孩童可以有启发学习科学的动机，对教师可以收教学观课之效，对家长有帮助了解孩子学习过程与成长之机会。通过不是只给出科学知识，而是启发孩子主动探索科学的漫画书，邀请您一起来推动儿童科学教育，帮助孩子习得科学素养，成就孩子的未来。

作者　廖进德

目录

主要人物介绍

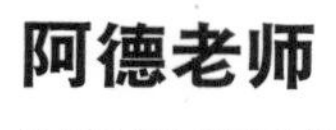

阿德老师

风趣爱搞怪的科学老师，最喜欢有看法、有方法、有做法的小朋友，上课时不轻易说出答案。想办法让小朋友自己去观察、思考并找出答案，就是他最快乐的事。

安安

积极主动、勇于发言，有敏锐的观察和分析能力。常是第一个发现问题、解决问题的人，不过喜欢玩耍，常和小钧玩着玩着就忘了正在上课。

乔乔

个性细心谨慎，是团体里的小班长。在意见冲突时，会协调合作，虽然平时有些拘谨，不过也会表现出天真的一面。

小钧

怪点子多，爱玩爱搞笑，是班上的“开心果”。上课时常不专心，对美食最感兴趣，有天马行空的想法，有时误打误撞反而找到了答案。

认识柑橘类植物

橘子和橙子的秘密

今天营养午餐的
水果是橘子！
啊！好痛，
我的手指
肿起来了！
怎么了？

你们看！我的手
指变成这样啦！
锵锵锵

你们看，还可以
这样！
锵锵！生龙活虎！
锵锵
活虎
生龙
锵锵
你很爱搞怪呀！

别生气，橘子分
你们吃呀！
才不要，
你的橘子皮绿绿的，
感觉很酸！
橘子的皮是绿色的，
就表示很酸吗？
进入
我们今天来研究橘子
和其他柑橘类植物。

橘子的秘密

来，这里有一袋橘子，你们一人拿一颗，挑挑看，你觉得哪一颗看起来比较好吃？
我选大颗的，大颗的果肉比较多！
我挑橘色的，果皮越鲜艳的，应该越甜！
我妈妈说挑橘子的时候，放在手上掂一掂，感觉比较重的，水分比较多！
说得对！这里有两颗橘子，你们来观察比较看看，有什么不一样？
一颗是绿色的！一颗是橘色的。
绿色的皮好像比较光亮？
我来摸摸看，橘色这颗好像皮有点松，而且皱皱的。
摸
皱皱
摸
厉害！你们觉得这两颗橘子哪一颗比较新鲜？

我选这一颗！
因为另一颗太软了，软的太熟了。绿色的这一颗刚好。
我来看一下这里。
翻
看
是看橘子的“肚脐”这边吗？
蒂头
绿色这颗上面有一截小枝，橘色这一颗没有。
这颗不太新鲜，因为蒂头的颜色看起来灰灰的、烂烂的。
真棒！
好眼力！
这一个小不点叫作“蒂头”，
是橘子和树枝相连的地方，上面有5片“宿萼”。
所以有蒂头的是新鲜的还是不新鲜的？
有蒂头的比较新鲜！
举手
举手

乔乔的妈妈说比较重的橘子水分多，你们也来掂掂这两颗橘子，看看哪一颗重。
嗯！
掂
掂
绿色的这颗比较重。

刚刚还提到橘色的那颗表皮皱皱的，为什么会皱皱的？橘子放 1 天和放 10 天，表皮会一样吗？
不一样，放得越久，水分越少，所以变皱了。
放得越久，表皮颜色也会变得更黄更暗。
所以表皮光亮的比较新鲜！

你们的观察都很厉害，跟水果店老板告诉我的挑选橘子的秘诀差不多……
什么秘诀？

哼哼
水果店老板告诉我

拿起来重重的，表示橘子水分充足。

重

拿

掂

实验一 剥橘子
剥橘子从哪一头剥会比较好剥呢?
橘子数个
餐巾纸
谁要来当“主剥”?不是播报新闻的“主播”哟!
我来剥!我从“屁股”剥,橘子的“屁股”凹进去一个洞,按下去空空的。
戳入
像刚刚那样戳一个洞,再往下剥开,这样就好剥啦!
剥
剥开
剥好啦!
有可能从蒂头的方向来剥吗?
我来挑战看看。

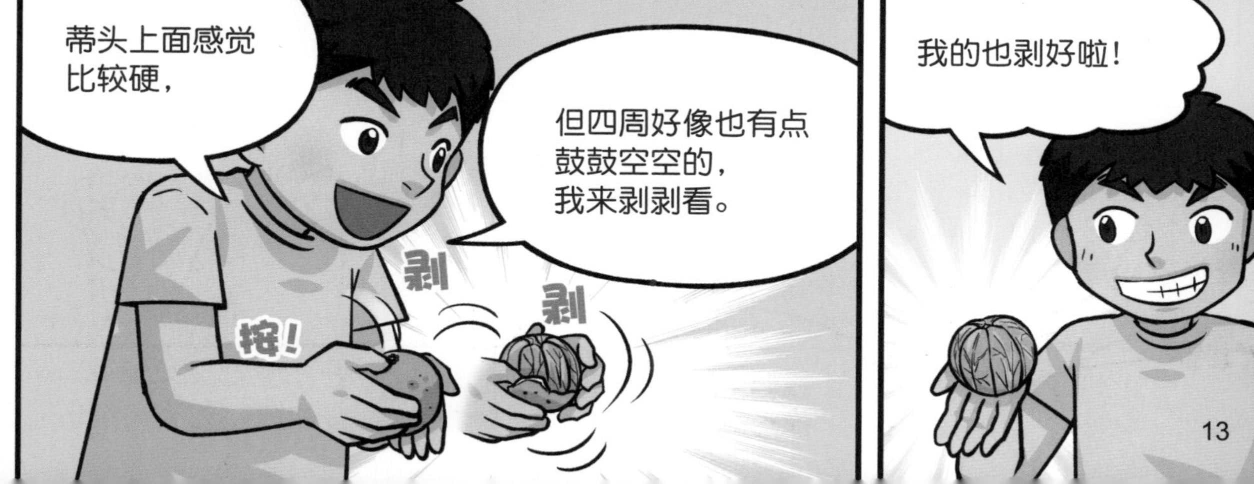
蒂头上面感觉比较硬,
但四周好像也有点鼓鼓空空的,我来剥剥看。
剥
剥
按!
我的也剥好啦!

嗯！你们觉得哪一种比较好剥？
都挺好剥的呀！
那再请问，你们觉得哪一种可以将果皮剥得比较干净？
安安剥得比较干净。
从蒂头剥的橘子白白的丝比较少。
一丝一丝
白白的
干净
利落
对呢！我的橘子好像上面白白的丝多一些。
你们观察得很好！
不过，老师还有第三种“去头去尾再剥开中间的环状剥橘子大法”！
这是什么招式啊？

先把蒂头这里横着剥一圈起来……
剥
剥
中间不用剥吗？这样怎么吃啊！
再翻过来从“屁股”这里横着一片片剥掉……
剥
剥开
剥开
这样很像秃头呢！
剥开
别急，接着把它摊开来。
你们看，变成这样了！
是不是很方便，就不怕剥下来的橘子没地方放啦！
剥
剥
打开
打开
锵锵
锵锵
这样就不用盘子啦！可以直接吃了吗？

等一等，你们刚刚说到果皮上有一丝丝白白的，老师剥下来给你们看。
拔

请问，这些白白的丝丝是什么？

这是橘子的“筋”。
啊！什么筋啊！真是伤脑筋啊！
这其实是水果输送养分的管道。

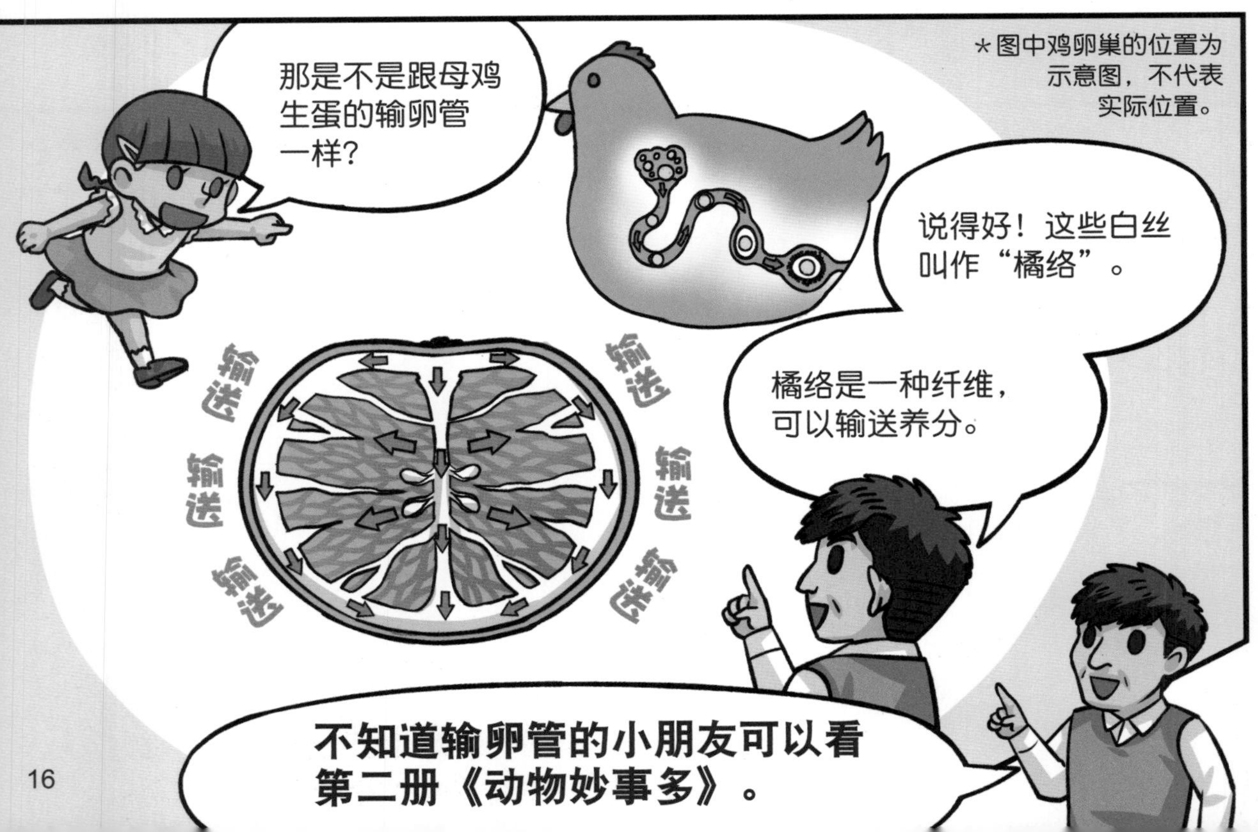
那是不是跟母鸡生蛋的输卵管一样？
*图中鸡卵巢的位置为示意图，不代表实际位置。
说得好！这些白丝叫作“橘络”。
橘络是一种纤维，可以输送养分。
输送
输送
输送
输送
输送
输送
不知道输卵管的小朋友可以看第二册《动物妙事多》。

咦？一颗橘子里有
几瓣果瓣？
我来数数看，
1、2、3……
9、10，
数
数
有 10 瓣呢！

每个橘子的果瓣
数量都一样吗？
不一定吧？
有没有不用剥皮就
可以知道有几瓣果瓣
的方法？

把橘子拿去照 X 光。
小钧很有创意！
听说橘子有几瓣果瓣
的秘密就在蒂头！

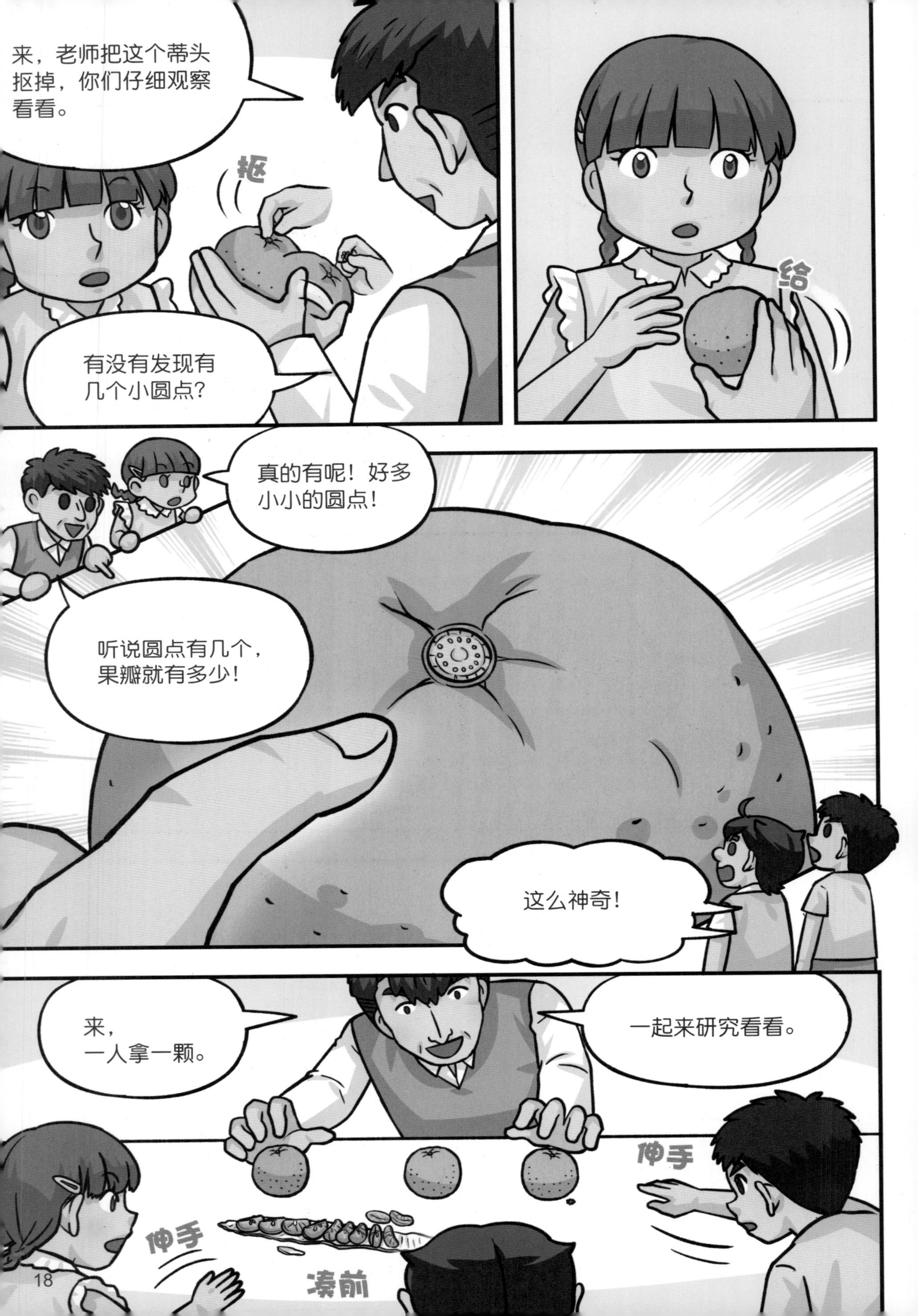
来，老师把这个蒂头抠掉，你们仔细观察看看。
抠
有没有发现有几个小圆点？
给
真的有呢！好多小小的圆点！
听说圆点有几个，果瓣就有多少！
这么神奇！
来，一人拿一颗。
一起来研究看看。
伸手
伸手
凑前

1、2、3……
8、9，
数
数
我这颗有 9 个
点点。

我的有 10 个
圆点，
我的应该有
10 片。
我的有 11 个圆点，
我的片数最多。

咦？应该说一片
一片，还是一瓣
一瓣？
都可以吧？

果实里头一瓣一
瓣的，我们叫作
“果瓣”。
果瓣

你们都剥好了
吗？告诉我你
们的橘子有几
瓣果瓣？
我的有 9 瓣。
我的是 10 瓣。
我的也是 10 瓣，
怎么跟圆点个数
不一样？

实验二 果瓣里有什么？
餐巾纸
盘子 3 个
已经剥好果皮的
橘子果瓣
老师，
可以吃了吗？
别急，现在要考考你们，
你们知道每瓣果瓣里头
有几粒种子吗？
我知道，把果瓣
吃掉，再吐出来，
小钧
就知道果瓣里有
几粒种子了。
一天到晚
就知道吃！

拿起来对着光看，
就可以看到有几粒籽。

果实里的籽叫作
“种子”。
你们拿一瓣果瓣，
吃吃看，再看看
果瓣里有几粒种子。

咦？有的果瓣没有籽。

吃
吃
塞
拿

我吃完了！
吐
呸呸
我的有 3 粒种子，有 1 粒种子比较小。

我的有 2 粒。
我的这一瓣没有种子。

所以每瓣果瓣的种子数量都不太一样。
告诉我，果瓣里除了种子还有什么？

我来剥剥看。
果瓣里头好多一颗颗的哦！
那一颗颗的叫作“果粒”。
颗粒
剥
剥开
接下来，你们试试看可不可以从果瓣里小心地取出一颗完整的果粒……

小心地拿出来……
好像在做手术一样。
下刀
精准
嘿嘿嘿

谁最先完整拿出一
颗果粒放在餐巾纸
上，就是第一名！
啊！
捏爆了！

小心
翼翼
剥
剥

小心
剥开
剥

啊！破了！
好难拿呀！
安安的快要变成果酱
了……要小心拿啊！
剥
哈哈哈

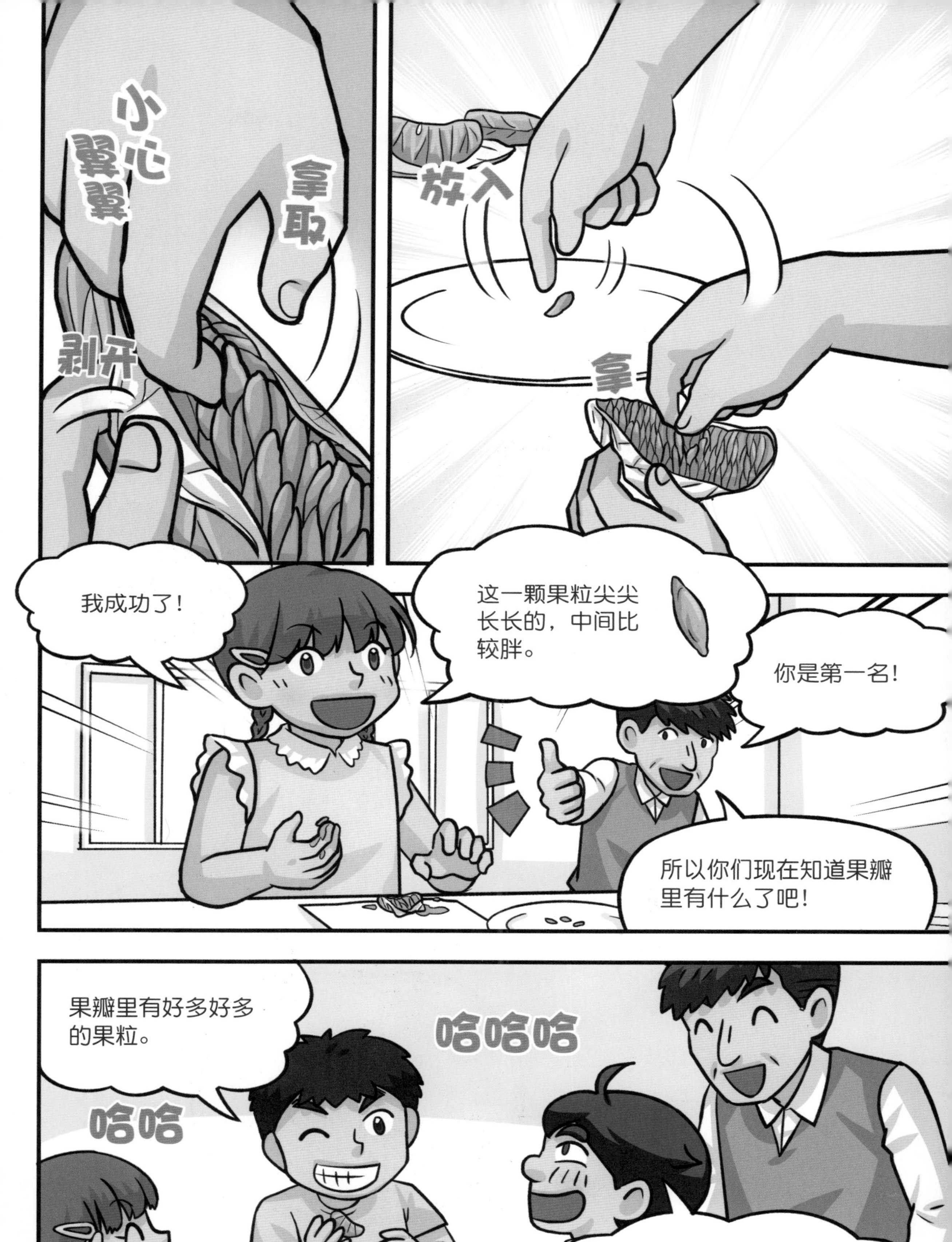
小心翼翼
拿取
剥开
放入
拿
我成功了！
这一颗果粒尖尖长长的，中间比较胖。
你是第一名！
所以你们现在知道果瓣里有什么了吧！
果瓣里有好多好多的果粒。
哈哈哈
哈哈
就表示……
有好多好多的橘子汁！

柑橘类植物——橘子

橘子是秋冬盛产的水果，一般我们最常吃的橘子是“椪柑”，外皮有绿色和橘色，这和品种、气候环境以及橘子本身所含的色素比例有关。采收时，果农一般会从宿萼上方把橘子剪下来，所以新鲜的橘子，通常是带有蒂头的。

剥开橘子，可以看到好几瓣果瓣，果瓣外头有一些输送养分的橘络，这些橘络含有丰富的纤维，吃下去可以帮助消化。每瓣果瓣被内果皮包裹，剥开内果皮，靠近中间的地方有几粒种子，周围满满地分布着一颗颗饱满的果粒，这些果粒含有丰富的水分，吃起来酸酸甜甜。

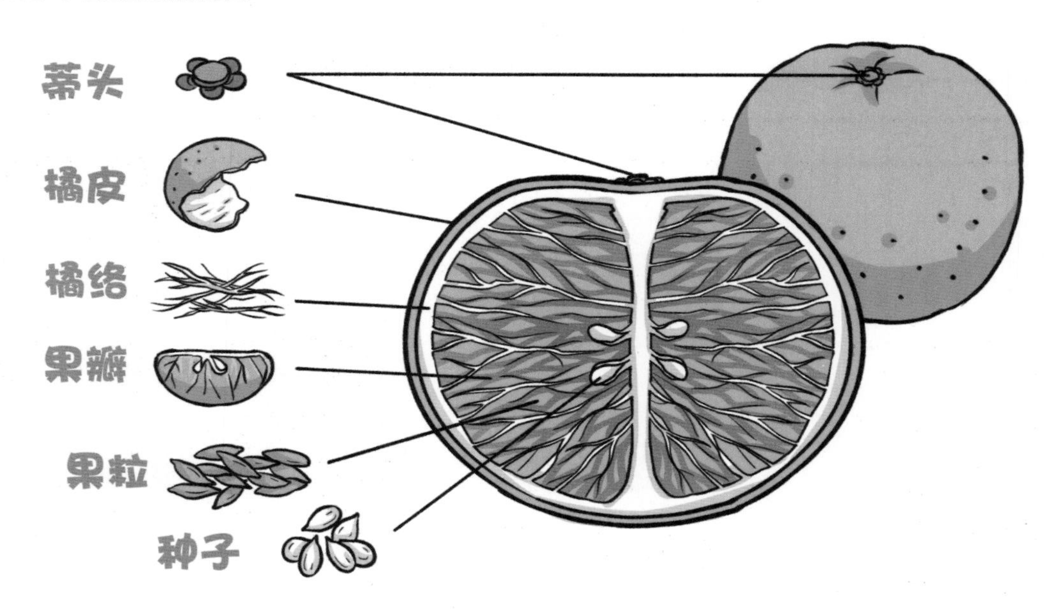

橙子的秘密

现在，我们要来研究另一种和橘子有点像的水果，叫橙子。
它和橘子一样也是柑橘类。
考考你们，这三颗橙子，哪一颗更成熟？

可以用研究橘子的方法来研究吗？
都是柑橘类，应该可以！
所以应该要怎么判断呢？
捏捏看，硬硬的，比较生，如果软软的，就比较熟。
捏
捏
用手掂掂看，
感觉比较重的，果汁充足。
掂
掂
这一颗有蒂头的表皮还有点绿绿的，
绿绿的
可能还没熟。

你们讨论好了吗？
请排出顺序，
好吃的放在 1 号，
老师来看看你们的
观察结果对不对。
放
1
2
3
放
嗯！1 号这一颗没
有蒂头的按起来
软一点，
其他两颗硬硬的。
按按
戳
我来掂掂看，
1 号这一颗真的
感觉比较重！
掂
掂
掂

嗯！你们真的很
厉害哟！
真棒！
可以当爸爸妈妈的
小帮手，买水果了。

实验三 剥橙子
我们也来研究看看橙子要怎么剥比较好。
橙子
砧板
这次你们通通都来当“主剥”。
水果刀
餐巾纸
直接用手剥吗？
我来从蒂头剥剥看……好难剥啊！
剥
那我换另一头试试看……也很难剥！
用力
橙子的皮跟果肉连得很紧，很难用手剥！

别担心，老师知道会有这种情况，
早就准备好水果刀了！

切下
切

说说你们
看到了什么。
有好多
果粒哦！
还有黄色的
果皮。
一人拿两片，
让你们来剥剥看，
看看橙子从蒂头往底
部比较好剥，还是底
部往蒂头比较好剥？
有一点黑黑的这里
是蒂头，从这里开
始往下剥……
剥开后，背面有一些
白白的东西！
这是橙子的
“橘络”吗？
刚刚从蒂头开始剥
有一点白白的，

现在换从底部往蒂头剥，白色的部分更多呢！

但是它长得跟橘子的“橘络”不太一样，不是一丝一丝的。

厉害！
这不叫“橘络”，这是橙子果皮的海绵层，叫“白络”。
海绵层
海绵层
输送
输送
输送
海绵层
虽然样子不太一样，但白络也会帮橙子输送养分。
所以你们剥了以后，认为怎么样比较好剥呢？
从蒂头往底部剥比较好剥！

实验四 橙子里有什么？
橙子也有一瓣一瓣的果瓣吗？
一颗橙子有多少果瓣呢？
已经剥好果皮的橙子
水果刀
盘子
砧板
餐巾纸
有果瓣，但是没办法像橘子一样剥下来一瓣一瓣地观察！
我们可以把蒂头剥开来看圆点。
好主意，这一颗给你观察。
剥开

1、2……
7、8。
数
数
有 8 个圆点，表示这颗橙子有 8 瓣果瓣。

非常好，
那我来换个切法，看看是不是真的有 8 瓣果瓣。
下切
切开
真的有 8 瓣果瓣！
果瓣里也有好多果粒。
接下来，我们来找果粒，看一下橙子的果粒长什么样子。
果粒皮很薄，汁又多，要小心挖，把找到的果粒完整取出来，放在盘子上。
没问题，我来找……
好多汁
吃
吃
拿取
小心
仔细

我好不容易才拿出
4 颗小果粒。
好多汁
好多汁

你们找到种子了吗？
有几粒呢？
我的有 2 粒。
我这一瓣的种子有
3 粒，另一瓣没有。
种子是分布在中间，
还是旁边？
橙子的种子是连在
中间的。

注意
老师，
我发现橙子的种子
摸起来黏黏滑滑的。
黏
黏

厉害！你的发现很棒！种子滑滑的是因为外面有一层果胶。你们知道这层胶有什么作用吗？
种子
果胶
赞
你们会吃橙子，动物也会哟！
果胶？
当鸟或其他动物吃柑橘果实的时候，滑滑的果胶可以保护种子，减少被咬破的机会。
飞来
吃
原来如此
老师，我也发现一个秘密！
近看果皮外面有好多好多的点点。
真棒！
乔乔观察得很棒！接下来我们就要研究柑橘类的果皮。

神奇的橘油

我来研究看看……
拿取
翻转
喷
挤!
哎哟!
刚刚乔乔看见果皮上有很多的点点。柑橘类的这些点点，里面有油哦!
橘油
我的眼睛好难受!是什么喷到我的眼睛？而且有一股橘子味。
它包着油，叫作“油包”，也叫作“油囊”。你刚刚就是挤爆“油包”，橘油才会喷出来。
油包
(油囊)
*如果眼睛被橘油喷到，可马上用清水清洗，不要用手揉眼睛哦!
我们现在就用橘皮挤出橘油来做实验吧!

实验五 挤爆油包
实验看看，怎么样把橘皮油包里的油挤出来。
一人拿一张纸，白的那一面朝上，有字的朝下。
单面有字的回收白纸
橘子皮
是要用白的这一面画画吗？
当然不是！
你们有没有油沾到纸上的经验，纸看起来会怎么样呢？
没错，现在我们要把橘皮油包里的油挤出来，喷到纸上，看看会怎么样。
我知道！妈妈带我去买葱油饼，
老板的葱油饼装在纸袋里，纸袋上会变得油油的，看起来有点透明。
放入
渗透
一人拿一片橘皮，先不要捏哦！

请问你们觉得要慢慢地捏，还是要快快地捏，里头的油才会喷在纸上？
快快地捏。
慢慢捏油可能会流出来，而不是喷出来。
好，老师先示范一次给你们看。
倒数 3、2、1，数到 1 后，
迅速地捏！
用力
挤
挤出
有没有看到油喷到纸上？
喷汁
渗透
有！油喷出来了！
现在换你们来试试看。
跃跃欲试
听说再多挤一点橘油，可以让纸反面的字显现出来哦！

3、2、1，挤！
挤
挤
挤
喷
喷汁
3、2、1，挤！
3、2、1，挤！

喷得越多，
字会越明显！
你们把纸对着光看，
喷了橘油的地方是不
是变透明了？
透明
透出
真的变透明，
看得到字了！

不过，水喷到纸上也
会变透明啊！要怎么
证明这是油呢？

小钧思考后提出
问题，我喜欢！
这样我就要拿出另一
个秘密武器，来证明
橘皮里有橘油。

实验六 燃烧的橘油
拿出我的秘密武器——蜡烛。
橘子皮
杯子
橙皮
蜡烛
长柄打火机 1 个

把杯子倒过来架高蜡烛，我还需要打火机。
咔嚓！
点火
点燃蜡烛。

要唱歌吗？
祝你生日快乐

现在可不能开玩笑哦！我们接下来要进行有火的实验，小朋友可以在家里自己点火做实验吗？
不行！
对啊！不然实验成功了，但是房子烧掉了怎么办！
没错，所以一定要大人陪同，才可以做这个实验！

老师现在拿出橘皮。
你们觉得如果油碰到火会怎么样？

会烧起来。
因为“火上浇油”啊！
合体
好冷
安安的成语学得很好。那如果是水呢？

如果喷出来的是水，就会把火给浇熄。

我来挤挤看，蜡烛会燃烧得更旺，还是会熄灭？
倒数 3、2、1，挤！

哇！烧起来啦！火瞬间变大了！
用力
挤
大火闪烁
挤出
所以橘皮喷出来的是油！

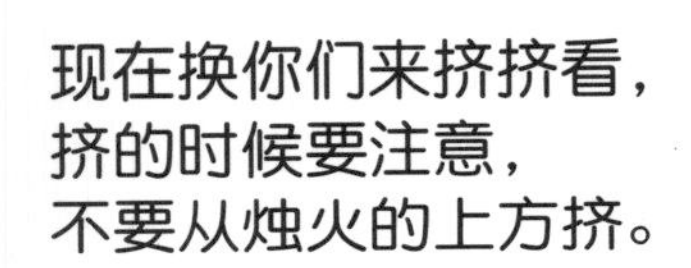
现在换你们来挤挤看，
挤的时候要注意，
不要从烛火的上方挤。

温度
较高
温度
较低
外焰
内焰
焰心
为什么不可以
从上面挤？
因为烛火上面的温度最高，
要在烛火旁边靠近下面一点
的位置挤橘子皮，那里的温
度比较低，才不会被烫到。

3、2、1，挤，
喷的火有点小。
挤
微微
火光

靠近一点，
可以用两只手
一起挤。
伸手
靠近

喷汁
闪烁
大火
3、2、1，挤！火变大了！

所以请问橘子皮
里面有没有油？
有！
那请问橙皮里面
有没有油？
一人再发一片橙皮，轮
流来试试看。

哇！火好大哦！
比刚刚挤橘子皮还大！
熊熊
火光四起
挤出
火比较大是表示油
比较多还是少？

火比较大表示
油比较多！
真棒！
所以橙子和橘子一样，
它们的果皮里都有油！

柑橘皮妙用多

老师这里还有一块果皮，
它是晒干的柚子皮。
看起来干干硬硬的。
柚子也是柑橘类的。
它的皮上面也有一点一点的，应该也是油包。
老师要请问你们，
如果果皮被晒干了，那油包里的油还在吗？
水都蒸发了，油应该也晒干了吧？
有没有可能它的油包包得很好，里头的油还在呢？
挤挤看就知道有没有油啦！
3、2、1……它已经被晒得干干硬硬的，没办法挤啦！
挤压
可以直接拿去烤，看会不会烧出火花。
真棒！
聪明！那要烧哪一面呢？
有油包的那一面靠近火！

老师操作实验
给你们看，
一起倒数
3、2、1！
靠近

哇！烧起来了！
火好大。
烧
吱吱
火光
冒出

会突然喷出
一个火花！
这证明了柚子皮
晒干后油包里的
油还在呢！

没错！
柚子皮里的油包被火加
热后瞬间会爆开喷火，
所以实验的时候一定要
小心哟！

还冒出了烟！
气味
这种烟闻起来……
气味有点怪怪的！
四溢

以前的人中秋节吃了柚子，会把柚子皮拿去晒干，烧干柚子皮冒出来的烟可以赶走蚊子。
晒干
啊！和蚊香一样！
原来如此

聪明！
把燃烧的柚子皮吊起来可以驱赶蚊子，但记得不可以吊在床旁边，这很危险，可以吊在户外安全的地方。
换你们轮流来烧烧看。

啊！
我的柚子皮沾到蜡烛油了。
所以要拿好，小心，不要一直往下压。

火好大！
好像放烟火
小钧不要闹啦！

好用的柑橘皮

除了橘子、橙子，柠檬和柚子都是柑橘类的水果，它们的果皮表面布满了油包，含有柑橘油的成分。比较薄的果皮，对着光就可以观察到油包。柑橘油是天然的精油，有许多用处哦！其中一个妙用，就是可以做成天然的清洁剂。

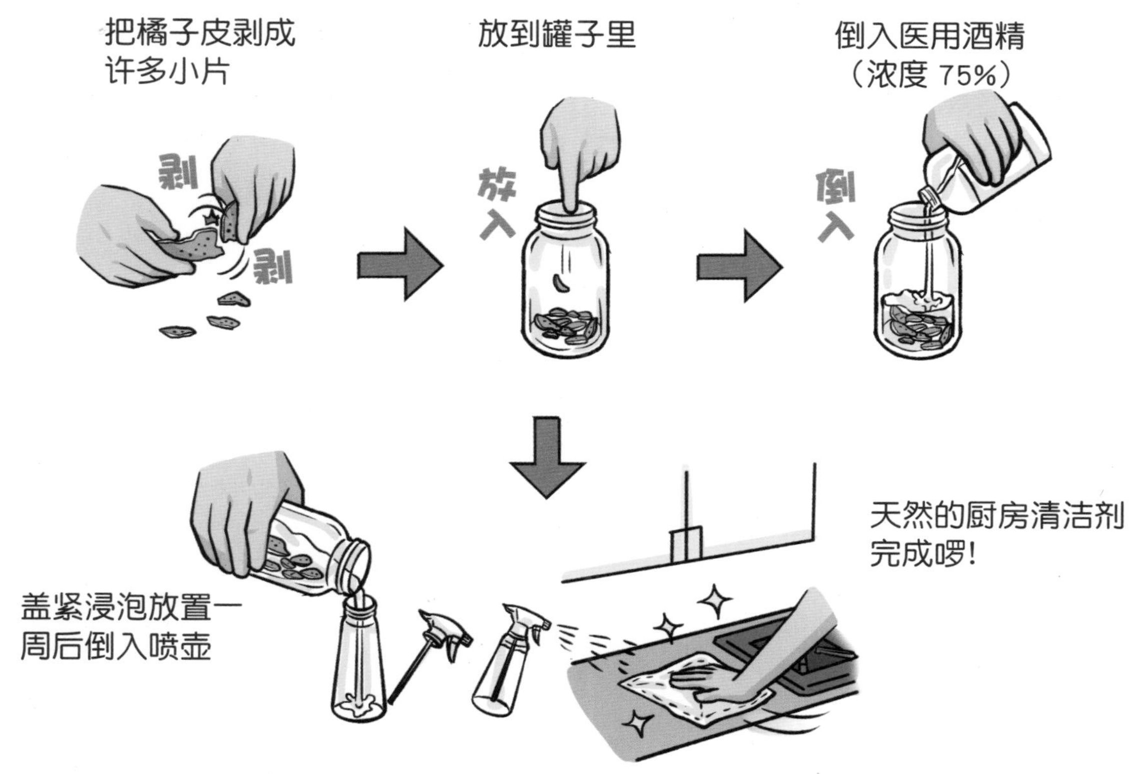

柑橘类的果皮可以用来泡澡、驱蚊、除臭、清洁，还可以做成陈皮等中药，所以吃完这些柑橘类水果，别忘了留下果皮多多利用哟！

实验结束，要把蜡烛熄掉。
我来吹熄蜡烛。
直接吹不容易熄灭。
用两只手掌做出一个空心的手势。
伸手
移动
是不是拍一下，就会有风？
靠近
没错，对准烛火拍一下，蜡烛就熄掉了。
合上！
咻咻
熄灭
这样可以防止熔化的烛油吹溅到脸上。
下课前，说说你们今天发现了柑橘类的什么秘密。
我发现柑橘类的水果里面有很多果瓣，
果瓣里有种子，还有好多好多颗好吃的果粒。

我发现柑橘的果皮上有油包，油包里有油，如果对着火挤果皮，会爆出火光！
柚子皮晒干之后，虽然没有水分，但油包还在，可以当成蚊香来烧。
你们的发现都很棒，老师要送你们小礼物当奖励！
拿出！
这个叫作“青金橘”，也是柑橘类的植物，可以用来泡茶，你们可以用研究橘子的方法来研究它哦！
锵锵
锵锵
哇！好小的橘子哦！
好小的橘子，我一口就可以吃一颗……
天啊！好酸！
小钧又忍不住偷吃！
剥
剥
哈哈哈哈

课堂笔记

安安

剥橘子和橙子的时候，原来从蒂头剥比较好剥；橘子里白白的、一丝丝的橘络，是帮忙输送养分的，还可以帮助我们消化；橙子的种子黏黏滑滑的，是因为有果胶，动物吞食时才不容易把它咬碎，真有趣！今天我们认识了柑橘类的橘子和橙子，我还知道了怎样挑选它们，下次我也可以帮爸爸妈妈买橘子、橙子了！

小钧

今天老师带我们研究橘子和橙子，它们刚好都是我爱吃的水果。经过实验，我才发现原来橘子和橙子有那么多的秘密。老师还教我们不用剥开，就可以知道里头有几瓣果瓣的方法，这个秘密就藏在蒂头里，不仔细看都没发现，原来抠开蒂头里面有好多个小圆点！回家要去考考爸妈，看他们会不会知道这个秘密！

乔乔

今天我才知道橘子皮里竟然有油。老师让我们拿橘子皮对着烛火挤，一开始我有点担心会被烫到，老师教我们从烛火旁边靠近下面一点来挤比较安全，结果真的喷出油，让烛火闪出火花，好像仙女棒！柚子也是柑橘类的植物，柚子皮原来还可以用来驱蚊，下次我也想要和爸妈一起做柚子皮蚊香！

阿德老师的话：

小朋友，你们都怎么剥橘子呢？漫画中，阿德老师和你们分享了剥食橘子的好方法——把橘子当地球，剥去“南极圈”和“北极圈”，再扒开橘瓣，留下中间的橘皮，刚好可以当作垫子，橘瓣不易弄脏，连着果皮的果瓣，与好朋友分食真方便。

小时候，橘子是大多数人都会吃的水果，因为便宜、方便又好吃。女生还会用橘子皮来玩过家家；男生会拿塑胶瓶盖，喷上橘油，在手掌上反复压拉，拉出好多细细的丝线，说是蚕宝宝在吐丝。以前我不知道为什么会这样，只觉得很神奇，现在知道了橘油是一种溶剂，可以破坏塑胶的分子，所以才让瓶盖产生丝线。这些都是阿德老师的童年回忆！

阿德老师也想让小朋友可以拥有探索生活的乐趣，于是通过橘子和橙子，让小朋友一起来认识柑橘类的植物，除了剥开内部观察种子与果粒，还进一步探讨如何剥橘皮、橙子皮：由上方蒂头而下，顺着橘络（白白的纤维）生长的方向，这样会好剥又干净。不剥开，去掉蒂头直接看蒂头的圆点可以推测果瓣数量，这是因为这些圆点和果瓣上的橘络相连，所以通常圆点的数量和果瓣的数量是相同的。

我们也做了有趣的橘油实验。在实验中，小朋友会近距离接触到火，一开始，有的小朋友会害怕被烧到而实验失败。阿德老师要告诉你们，很多恐惧是来自不了解，当你认识烛火火焰的温度分布，知道最下方温度最低，就可以安全地做实验，还可以近距离观察到柑橘果皮的橘油烧出来的火花。

但是只要在实验中会接触到火，小朋友一定要邀请大人陪同，千万不可以独自做实验，以免发生危险。希望小朋友们都能树立正确的科学态度，掌握安全的方法，跟着阿德老师、安安、小钧和乔乔，从日常生活出发，一起来体验科学游戏的乐趣！

从稻谷变稻米

米的滋味多

咦?
胶水用完了!
滴

嘿嘿!
伸
哎呀!
为什么摸我的脸?

看我的，把饭粒
压扁涂在纸上……
压扁
涂抹

这样就粘好了，
我真是天才!
锵锵
饭粒居然可以当胶水，
我也想要试试看!

我粘好了，
饭粒真的好神奇呀!
这么巧!
进入
今天我们要研究的东西，
就跟饭粒有关哟!

你们见过
这个吗？
捏
捏
这是什么？
硬硬的，
好像一袋种子。

我知道，
这是不是稻谷？
米就藏在里面。

没错，这一颗颗
的就是稻谷。
我曾经远远地
看过稻田，
原来近看稻谷
是长这样的啊！

在这稻谷里面藏
着老师小时候的
一个秘密！
秘密？是不是
稻谷里有毛？
秘密是不是在
尖尖的这头？
到底怎么回事呢？
哼哼。

当当当当
你们看稻谷尖尖的这头，
上面有一个小洞。
老师小时候会用稻谷的
这一头来玩呢！
听起来很好玩，
老师教我。
很简单！
首先要请女生
给我一根长头发……

乔乔借我
头发嘛
借我
借我
扭
扭动
……

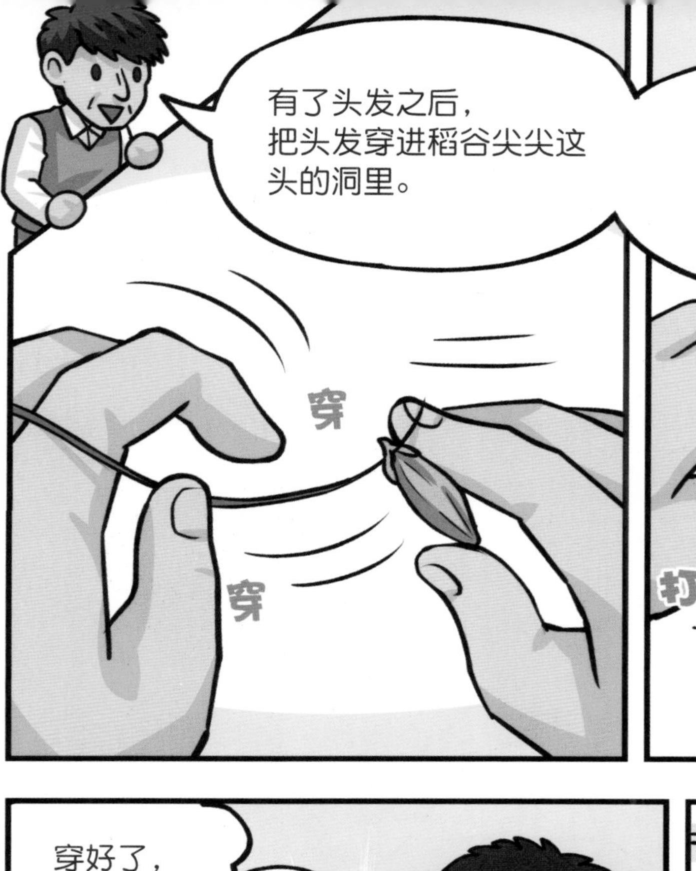
有了头发之后，
把头发穿进稻谷尖尖这
头的洞里。
穿
穿

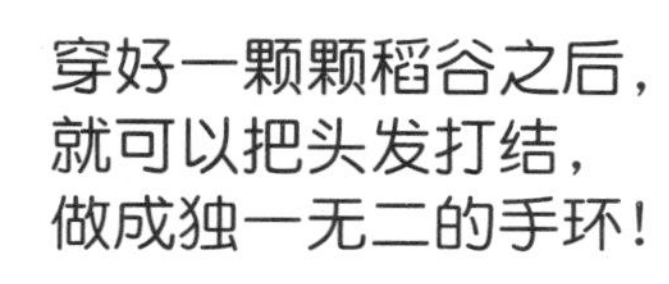
穿好一颗颗稻谷之后，
就可以把头发打结，
做成独一无二的手环！

打结
打结
穿
穿

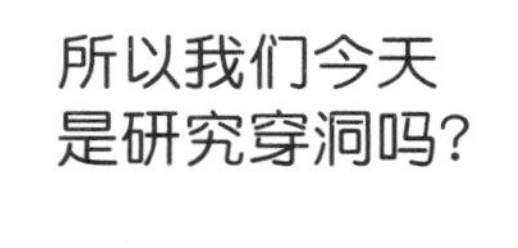

穿好了，
做出一个
稻谷手环。
我的手环有三颗
稻谷，漂亮吧！
我的是项链，
看起来好特别啊！

所以我们今天
是研究穿洞吗？
晕倒
晕
当然不是，今天我们
要研究稻谷，看看
里面有什么学问！

大家来碾米

实验一 稻谷变糙米
这个稻谷，跟我们吃的米长得不一样，你们觉得它们是什么关系？
小玻璃瓶
稻谷
不锈钢大浅盘
我们平常吃的米没有这层壳……
这还不简单，把壳去掉就知道了！
好难咬！跟瓜子不一样！
小钧
居然用嘴咬

我知道！把稻谷碾一下，就会成为我们平常见到的白米。
安安说得没错！这个过程就叫作“碾米”。
碾米
举手
到底要怎么“碾”呢？

是用石头压吗？
我用铅笔盒压
没有反应！
敲
“碾”的方式，
是除了压之外，
还要滚哟！
那用玻璃瓶试试看！
把玻璃瓶横倒，
放上去……
拿起
放上
敲
咚
压住用力
滚动……
滚
滚
哇！好多壳跳出来，
碾出好多米！
啵
啵
啵
咦？这个米的颜色
黄黄的，和我家吃
的米不一样。
我知道！我帮妈妈煮过，
这个是糙米。
真棒！
乔乔真有学问！
第一次碾出来的米
就叫作“糙米”！

糙米变白米

稻谷第一次碾出来的米叫作“糙米”。糙米的外表有糠层，主要由粗纤维组成，所以煮出来的饭，口感比较硬。再碾去部分糠层就成为胚芽米，如果再去掉全部的糠层和胚，就是白米了。

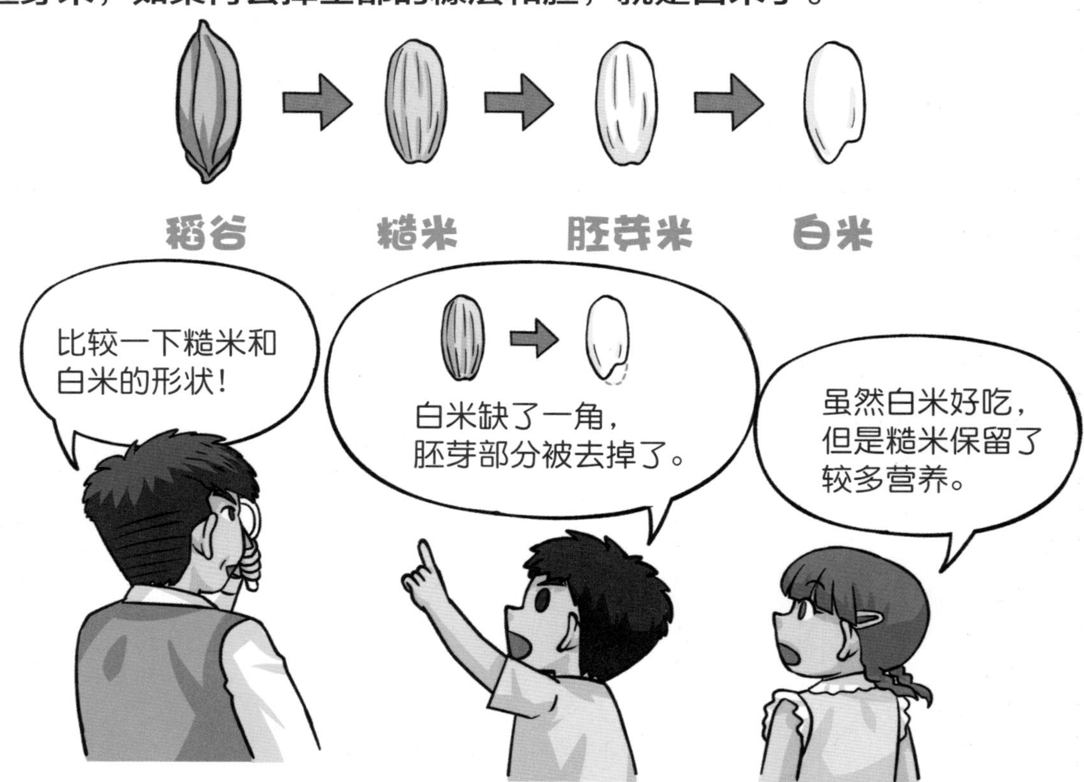

稻米的构造有胚及胚乳，胚会发芽长成稻苗，胚乳有淀粉和蛋白质，提供芽与根生长的养分，它是我们食用米粒的主要部分。（如果让稻米发芽，就叫作“发芽米”。）

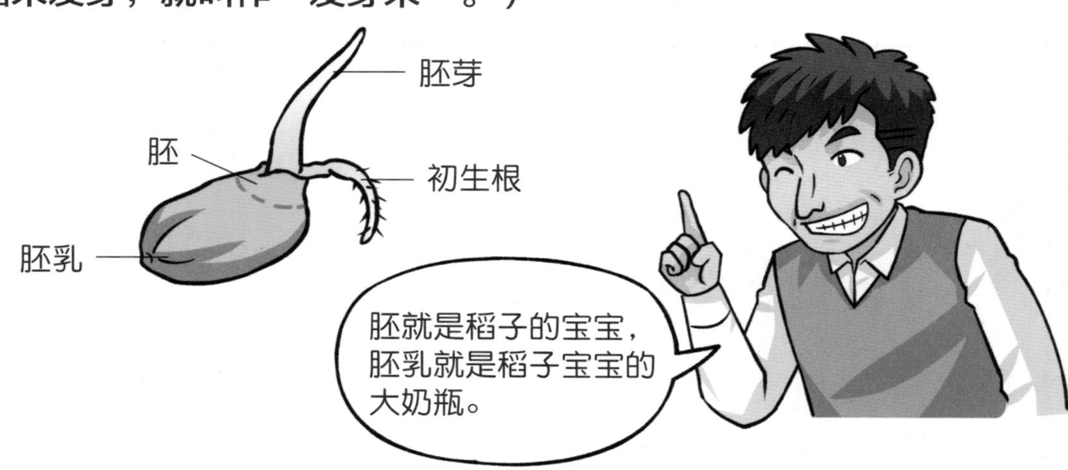

我们大家都会吃饭，我来考考你们认不认识这些米。

A
B
C
粳米
籼米
圆糯米

D
E
F
长糯米
紫米
小米

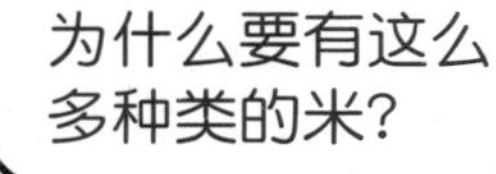
好多种米啊！有白的、黄的和紫色的。
这么多米，看得我头都晕了。

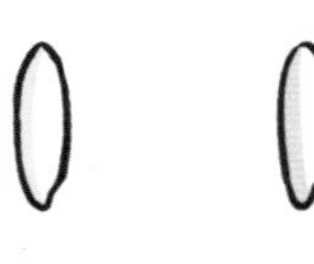
白色的米里面，这两种米形状比较细长。
籼米
长糯米

这两种米形状比较短、比较胖。

粳米
圆糯米

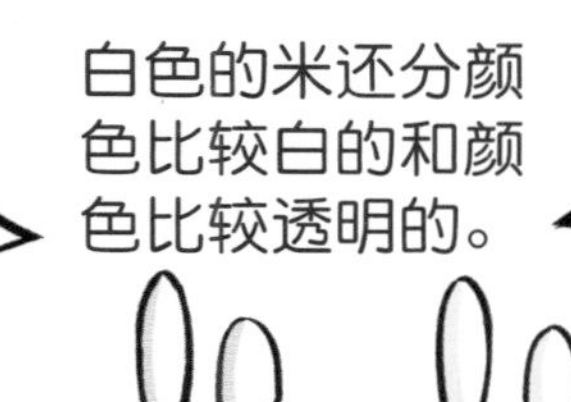
白色的米还分颜色比较白的和颜色比较透明的。
长糯米
籼米
圆糯米
粳米

为什么要有这么多种类的米？
我想可能是每种米吃起来口感不一样吧！

好厉害！
赞！
我们来认识不同种类的米。

这种黄黄的米
是什么米呢？
小米
这是“小米”，
吃
我看过有人
给鸟吃这个。
小米也可以煮成稀
饭，变成小米粥，加
糖超好吃的。
小米粥
小米粥虽然好
吃，但其实小米
不是稻米。
不过有些地区的人
会种植小米，还会
拿小米来酿酒，做
成小米酒。
欧纳
伊娜拉噜嘿
小米酒
伊亚嘿

我知道！这个紫色的是紫米，
紫米
早餐吃的紫米饭团就是用这种米做的！
它为什么是紫色的？是不是跟我们上次的紫甘蓝实验有关？
我知道！紫米可能也有花青素！
那我们也用热水泡泡它，看看会不会变色！
用透明杯子，
倒一杯热水……把紫米放进去！
放入
拿
过了 5 分钟后，朝泡了紫米的水滴几滴醋。
滴
慢慢变色
变红了！紫米果然也有花青素。

剩下这些白米都长得好像哦！它们是什么米啊？
刚刚有提到小米，所以有“小”就会有……
大！它们叫作“大米”吗？
没错！白米又统称为“大米”。

老师给你们提示，这种叫作“籼米”，
这种叫作“粳米”它们有什么不一样？
我知道！名字不一样。
粳米
籼米
小钧
跟没说一样

形状不一样，
籼米比较细长，
粳米比较短、比较胖。

籼米吸水性强，
膨胀程度较大，
籼米
适合做米粉、
萝卜糕或炒饭。
粳米膨胀程度小，
黏性大，
粳米
常用来做成寿司、
白饭、稀饭。
剩下的两种大米
是什么米呀？
包粽子用的
是什么米？
我知道！
是用糯米。
没错！粽子、油饭、珍珠丸、
汤圆、麻薯等好多食物都是用
糯米做的！
所以这两种米都是
糯米吗？但它们好
像不太一样……
散落
散落
都是糯米，一种长，一种
短，长的叫“长糯米”，
短的叫“圆糯米”。

老师再考考你们，
籼米跟长糯米
有什么差别？

两个形状都是长长的，
但是长糯米颜色比较白。
白白
微微
透光
籼米透光较好，
颜色比较透明。

好眼力，果然是观察
力一流的科学家！
没错，糯米的
颜色比籼米白。
今天起，你们就可以
分辨这些长得很像的
米了！

光是用眼睛观察还
不够，我们还要知
道米煮成饭以后有
什么不同，
所以要
来煮饭喽！
呀！
又可以
吃了！
我们是在
做实验啦！

实验二 大家来煮饭
每个人选两种米，试着煮煮看！
小钢杯 6 个
电饭锅 1 个
各种米
量杯 1 个
煮米啰！
煮之前要先洗米才行啦！
为什么煮饭之前要洗米呢？
把米上残留的杂质洗掉才不会吃进肚子里！
1. 用量杯量出一杯米。
2. 把米放到钢杯里，加水，用手指头搅拌洗米。
3. 洗好后加水放进电饭锅煮。
看来乔乔常帮妈妈煮饭！就请乔乔当小老师给我们解说煮饭步骤！

先装一量杯
的米……
倒

拿
倒入
把装好的米倒进
小钢杯里面！

然后加水
洗米……
呼
啦
啦
注
下
加水后有些米
会浮起来，
要小心不要让米掉出
去，洗米的水加到八
分满就可以了！

有些米还浮在水
面上，可以压一
压，让米沉下去。
压
压
搅
搅
小钢杯比较小，
所以用手指来回
搅一搅就可以了。

泼出来啦！
嘿！看我的快速搅拌洗米法！
哎呀！小钧！

米洗两次就
可以了！
倒
我洗好了，
来把水倒掉。
哇！
我的米掉出来了！
洒
洒出
小钧这样还没开始煮，
米就掉光啦！我教你一招！
你的手指就是最好的
过滤网！
滴答
滴答
用手指当滤网挡米
倒水，水就会从指
缝流出去。
米洗好了，接着要加
水才能放进电饭锅煮。
为什么还要加水啊？

我知道！
加水煮米，
米才会吸水、
膨胀、被煮熟。
真棒！
安安说得没错！
但要加多少水呢？
妈妈教我，
一杯米要加
相同分量的
一杯水。
没错，但是这个杯
子比较小，水的比
例就要多一些。
倒入
这次要加一杯半的
水才够。
小钢杯的水装好
后，电饭锅外锅
也要加一大杯水。
倒
放入
放
按顺序摆放杯子，
并记住每个人米饭
的位置。
按下
最后，
盖上锅盖，
再按下开关！
呀
呀
大约 20 分钟就可以
煮好啰！

趁煮饭的时候，老师来说个关于糯米的秘密。
刚才你们提到，糯米很白是因为它不透光？
对呀！为什么糯米的颜色比较白？

偷偷告诉你们……
其实……
糯米是稻米的变种！

变种？

有一天人们发现了一株突变种，结出来的米长得不一样，颜色比较白。
拿它来煮煮看，发现吃起来特别黏！
于是大家努力栽种，加上推广，就产生了新的品种，叫作“糯米”！
插
原来如此，但为什么糯米会比较黏呢？

因为糯米里面含有比较多黏性强的“支链淀粉”，很多支链让糯米的透光性变差，所以颜色看起来比较白。
支链淀粉
支链淀粉是什么啊？
支链淀粉就是淀粉中分子排列的分支比较多……
对了！
伸出你们的手，我来解释！
一只手当一条淀粉链，我们手牵手，抓得越复杂越好！
勾
缠
伸
抓

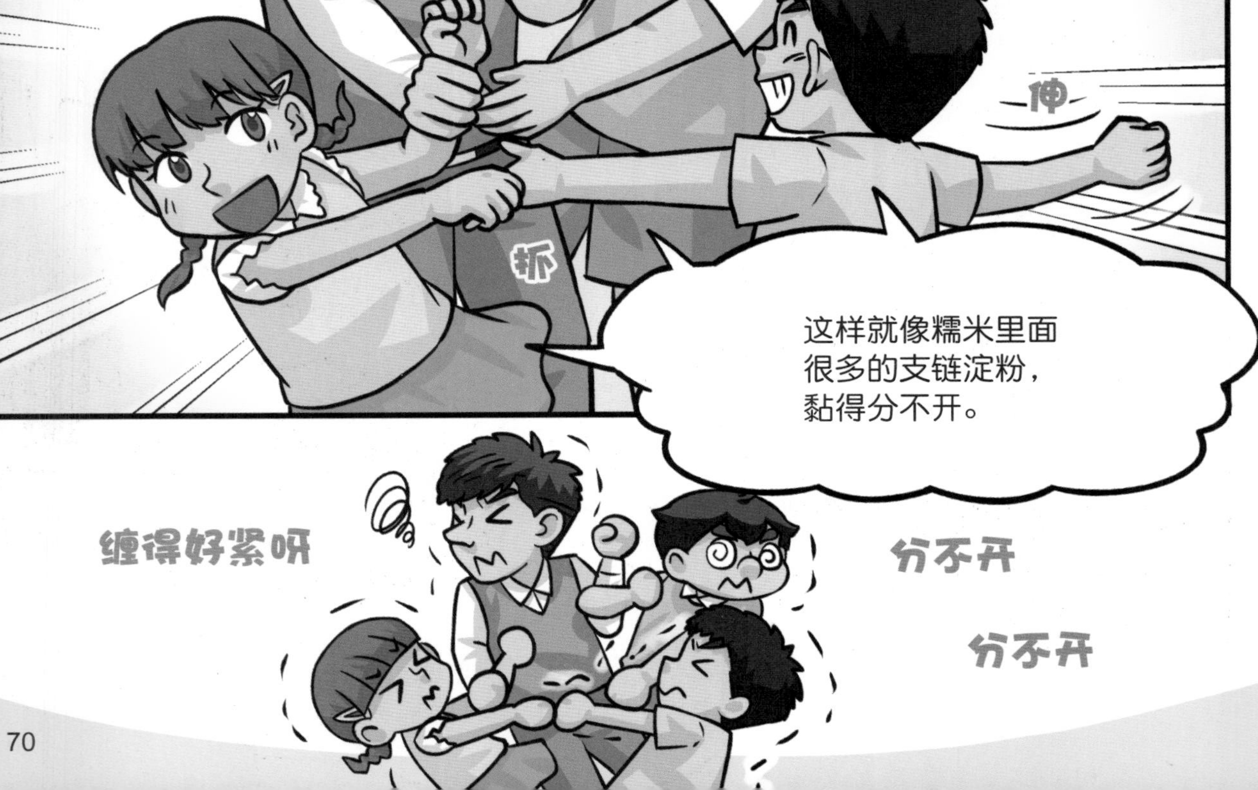
这样就像糯米里面很多的支链淀粉，黏得分不开。
缠得好紧呀
分不开
分不开

稻米的种类

常见的稻米有籼米和粳米两种，籼米的形状是长长的，而粳米是短短的、胖胖的。

当人们发现有一棵稻子结出来的米颜色特别白，吃起来特别黏，便将这棵稻子结的米继续种，经过不断地育种与变种，最后就成为新的品种，也就是我们吃的糯米了。

*图中箭头 表示育种与变种。

*掀锅盖时，高温的蒸气和锅身容易造成烫伤，一定要请大人来操作。

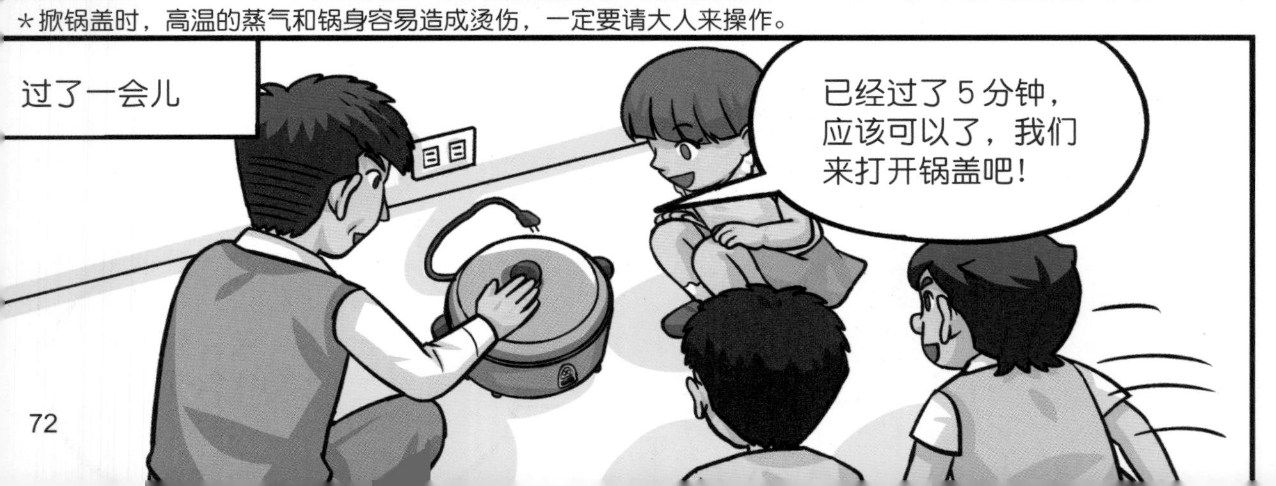

好多蒸气，好香啊！
打开
哇！本来只有一点米，
变成满满一杯的饭！
满满
膨胀
膨胀
我就说嘛！米吸了水会膨胀！
现在请你们把手洗干净。
太好了！
太好了！
准备观察、尝尝看，每一种米有什么特别的味道。

告诉我，粳米
好吃吗？

好吃！
有一点
黏黏的。
吃
吃

再吃点籼米。
这个不黏，口感松松
的，我家都吃这种米。
吃
倒
跟籼米比起来，
粳米比较黏！

接着试试看糯米
吃起来是怎样。

张口
张大口
挖

糯米
好有弹性！
而且很黏，
饭粒较难分开。
加一些料
就可以变成油饭了！
真棒！
品尝得很仔细哦！
很黏的米，大多都
跟糯米有关。
再来尝尝紫米。
紫米饭看起来是深
紫色，而且吃起来
比较甜。
最后来吃
小米。
吃
挖

小米吃起来感觉比
较硬，外头好像有
一层壳！
猛吃
吃
吃
狂挖
没错！老师准备了
海苔和香松让大家
来做饭团！
香松
海苔

看我做的香松小饭团。
锵锵
我做了一个足球小饭团。
锵锵
糟糕！用小米和籼米包的饭团都会散开……
可以试试用海苔包饭团，就不会散开了！
吃
狂拿
塞
拿
?!
塞满满
空
小钧
嗜嗜嗜
好好吃哟！
拉
拉
只顾着吃！
都不认真观察研究米饭！

让小钧将功补过！
把每种米拿起来，
用手指搓揉看看。
拿起
捏！
告诉我，
哪个黏性最强？

捏！
籼米感觉
没有什么黏性。

越黏的米是越容易消化，
还是不容易消化？
不容易！

黏腻
捏！
糯米超级黏！

说得对！
越黏的米支链淀粉越
多，越不容易分开，
相对不容易消化。
所以吃籼米比吃糯米
容易消化，肚子会饿
得快一点。
赞！
现在大家知道糯米
不容易消化的原因了吧！

糯米很不容易消化，就可以有饱腹感，支撑一天的农事。

实验三 米饭变麻薯
我们用籼米、糯米、紫米来做麻薯，看看做起来有什么不同。
木碗
木杵
色拉油
籼米饭
糯米饭
紫米饭
我喜欢吃籼米，我用籼米捣捣看。
那我用糯米，做出我最爱的原味麻薯。
那我用紫米来捣，看能不能做出漂亮的紫色麻薯。

嘿咻！
一下一下
慢慢捣！
咻
捣
咚
饭一直粘在木杵
上，好难捣哦！
黏
可以用木杵沾点食用
油，这样比较好捣！
嘿咻！
嘿咻！
喝啊啊啊
快速
我是捣麻薯
机器人！
咚
咚
咚
咚
老师你看！我的籼米
好像变得黏糊糊的。
我的紫米也是。
哇！
不小心捣出
来了！

哇！好白好顺滑！我的麻薯成功了！
麻薯黏黏的不好拿，在手上沾点油就行了。
拿
倒
我的紫米麻薯好有弹性！
撕
吃
籼米做的麻薯有什么不同？
籼米黏性差，感觉缺乏弹性！
我也是！第一次做麻薯挑战成功！
好好吃
好好玩！
吃
吃
吃

米饭妙用多

以前科技不发达，要建桥，但是没有水泥，

水泥

人们就用煮过的糯米浆，加入石灰砂浆当作石头的黏合剂，干了以后糯米桥又硬又坚固。

我曾经走过糯米桥，就算发大水，它也没有被冲毁，真的好厉害！

上次我吃粽子，干掉的饭粒粘在盘子上，抠都抠不起来。这跟糯米桥硬了很坚固的道理是一样吗？

除了这些之外，老师还知道一个很特别的例子！
拿
我拿给你们看……
就是这个！
拿出！
放上
咚！
这是煮得很浓稠的糯米粥！
老师，我吃完饭团和麻薯，这个糯米粥吃不下了。
这不是给你们吃的。
以前的人如果要卖衣服，就会使用这个。
把衣服泡进去吗？
没错！衣服用糯米粥的水浆过、晾干，会变得又硬又挺，脏东西也不容易渗进去，可以保护衣服。
这里有三条手帕，你们也来试试看。

把手帕泡
进去……
放入
拿起
甩甩
沾了糯米水之后
拿起来……
这样真的有效吗？

晾
晾
晾

手帕干了！
硬挺
完美
真的摸起来硬硬的、
比较挺！大米的用途
真多啊！

老师突然想到，谁知
道怎样证明米里头有
淀粉呢？

吃吃看！淀粉吃
多了会很饱……
小钧，你只是想
吃东西吧……

要证明米里头有
淀粉，需要一个
秘密武器，
就是碘液！

实验四 当米浆遇到碘液
现在要请你们拿毛笔蘸糯米浆，写一封信送给对方。看看碘液遇到米浆中的淀粉，会有什么有趣的变化！
白纸
糯米浆
毛笔
碘液
喷雾瓶

可是糯米浆跟纸都是白的，
写上去看不到内容呀！
写
白净
写上

没错！因为这是一封隐形信！
拿到的人要用对方法才看得到内容。

要怎么做啊？

要想看到字，需要用到老师说的秘密武器，
看老师用装了碘液的喷雾瓶喷在信纸上……
喷
洒
会发生神奇的事情哦！
滴
渗入
用糯米浆写过内容的地方变成蓝紫色了！
慢慢变色
黄褐色的碘液遇到淀粉，颜色会变成蓝紫色。用这招就可以测试东西里面有没有淀粉了！
你居然把我画成猪！
打
打
哈哈哈

没错，糯米浆还可以做成糯米纸。

把糯米浆抹在热铁板上，等它稍微干了以后，整张拿起就是糯米纸。

拿起

以前没有胶囊的时候，药粉就是包在糯米纸里供病人吞服。病人吃的时候，就不会因药粉散开而吃到苦味。

包起

吃下

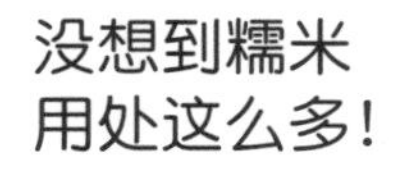

我知道稻谷里面就是我们平常吃的大米，
我学会怎么碾米、煮饭，
怎么做好吃的麻薯。

我知道好多种米的性质，
还有糯米原来是稻米变种得来的，里面有许多支链淀粉，所以比较黏！

以前的人真的很聪明，
用糯米浆来浆衣服，搭糯米桥，做药包。

说得好！你们已经是大米专家了！通通有奖。
这些米让你们带回家继续研究，
回家跟爸爸妈妈分享！
耶
下课了！

我要种糙米，
看看会不会……
几天后
真的发芽了！
糯米强力胶水
实验成功！
锵锵
连木头机器人都粘得牢。

我来帮妈妈
煮饭！
洗米
洗

噫，
饭怎么变成
这样？

课堂笔记

乔乔

我只远远看过稻田里的稻穗，没有这么近地看过稻谷，没想到老师今天带了稻谷给我们观察，还用我的头发穿稻谷做手环！我们还用玻璃罐来碾米，去掉稻壳的米原来还不是白米，是糙米。今天的课真有趣，不但自己洗米、煮饭，我还捣了紫米麻薯，好有弹性啊！回家我也可以帮忙煮饭和捣麻薯给大家吃了。

安安

今天我想到用饭粒来代替胶水的小妙招，大家都觉得很惊奇，没想到以前的人也很厉害，可以用有支链淀粉、黏性超强的糯米来建桥，用糯米纸来包苦苦的药，还用糯米浆来浆衣服，让衣服变得挺挺的。现在我才知道，米不仅让我们吃得饱，原来还有这么多的用途。

小钧

没有想到我们吃的米就像我喜欢的变形金刚一样，一直变出新的品种，科学家和农民真厉害，可以种出不同口味的米。今天我们观察了好多种米，有尖尖的籼米，也有圆圆的糯米。糯米可以做成麻薯、肉粽，籼米可以做成萝卜糕，每一种我都喜欢吃，我以后要开餐厅，做米食主厨！

阿德老师的话：

小时候住在农村，过节时包粽子或做萝卜糕，妈妈总是千叮咛万嘱咐我要买什么米，绝对不能买错。我好奇的是，妈妈看一眼就知道是什么米，我看半天，却没发现有什么不同。稻谷收割的农忙季节，小女生们爱穿稻谷当项链或手环，调皮的男生偶尔也会偷拔女生的长发，比赛谁能用它穿的稻谷粒最多。你知道稻谷上端有一个超级小的洞吗？不信你找来稻谷，用放大镜找找看，也可以和书中的小朋友一样试着做一串稻谷项链送给好朋友。

当我做了老师，上课提起小时候穿稻谷、碾米、包粽子，还有帮忙蒸萝卜糕的故事，学生总是听得津津有味。童年一定要有美好回忆，所以我设计了这个活动，让小朋友也能留下关于稻谷的美好回忆。

生活中，不同的米有不一样的用途。像糯米支链淀粉多、黏性大，方便揉成一个饭团或包成一个粽子，这些食物在农民下田时，就是方便又好吃的便当。它们体积小、携带方便，吃完还不必洗碗！萝卜糕要用籼米，好切、好煎又不粘锅。如果用糯米做萝卜糕，想象一下，好切成片吗？在锅子里煎又会黏成什么样呢？通过碾米、观察米的形状、洗米、煮饭、捣米的过程，小朋友有机会观察与体验各种米的特性，也可以知道每天吃的米是怎么来的。

小朋友一开始不怎么相信用一个小钢杯就可以煮饭，不过当电饭锅锅盖掀起来时蒸气弥漫，大家禁不住一阵欢呼，紧紧地盯住自己的米饭，生怕一不小心被别人拿走了！品尝不同的米饭时，大家兴致勃勃地评论，希望自己中意的米饭才是第一名！我在一旁看了，心中充满欢喜与幸福。我相信，做过、走过、品尝过，都会留下记忆，希望这阵阵米香，也能让孩子留下片刻美好，成为孩子童年记忆中幸福的滋味。

植物的生存秘诀

植物生存大作战

生态步道门口
小钧怎么
还没来?
好慢哦!
看我的……
扔!中了中了。
拔
拔
粘上!
啊!你扔什么
到我背上?
我扔扔扔
扔
扔
扔
扔
等等,这种花我们学校
也有!我同学都采这种
花来吸里面的花蜜!
你们也会吸山
丹花的花蜜?
小钧呢?

在这里！
探头
我躲在这棵剥皮树的后面，
你们都没发现我！
这棵树不是被剥皮了，
它本来就是这样，
这叫“白千层”，
“白千层”因为很容易长出新皮，旧皮又还没掉，所以它的树皮看起来一层层的。

很多植物因为生存和繁殖的需要变出很多样貌，
今天我们就要来一起认识植物的生存秘诀。

好的，老师！

观察植物的生存环境

我们到野外观察植物时，可以先对植物分布有粗浅的认识：环境中的植物越丰富，群落的层次就越多，反之，群落分层就比较少。我们可以用简易分层的方式来认识野外常见的植物分布。

第一层：通常都是比较高大的乔木层，像是小钧躲藏的白千层和常见的樟树、榕树。

第二层：在高大植物下较矮的灌木层，比如校园常见的矮仙丹、杜鹃花。

第三层：地表上的植物，像是蕨类和草本植物，草本植物如刚刚安安和乔乔互扔果实的大花咸丰草和竹叶草。

植物生存第一招：奇形妙叶

不过你们知道吗，有些树上层的叶子比较小，下层的叶子比较大和薄，比如桑树。
你们猜猜为什么。
高处的叶子
低处的叶子
是因为阳光造成的吗？
举手

说得对！同一棵树处于上层的叶子可以吸收到更多的阳光，所以不用长太大。
阳光较多
阳光较少
阳光较少
下层的叶子为了能从缝隙中吸收阳光，长得会稍微大一点。

原来植物还有这种生存招数啊！

是不是很厉害？
真棒！
我们接着往前走。

低散热

低散热

没错！它是两片叶子合成一束，所以叫二叶松。松树的叶子跟针一样，这样叶子面积比较小，散热比较慢，可以减少水分散失，也更耐寒。

你们看，
这类植物叫作“针叶树”，通常在山上比较多。
捡一朵小花，用二叶松的松针穿过去……
耸立
就可以戴在头上，像发卡一样！
好看吗？
你们看我美吗？
美！

老师，
沙漠里仙人掌的针也是它的叶子吗？
没错！仙人掌的针也是叶子，除了可以减少水分散失，还有很重要的功能，就是防止动物啃食。
惊
不准吃！
仙人掌真厉害！
仙人掌虽然厉害，但是在沙漠里的动物也会有方法对付它！
什么动物不怕刺啊？
比如骆驼！
嚼
大口
骆驼的嘴巴有坚韧的口腔组织，可以大口享用仙人掌，不怕受伤。
嚼
好强的骆驼啊！

小心，
不要被刺到。
这个叶子有
好多片！

偷偷告诉你一个
秘密，这其实是
一片叶子。
惊
真的啊？！

这是棕竹的叶子，
它的形状像什么？
像手掌！
我来数数看！ 1、2……
10、11，比手指多。
棕竹叶裂的数量不一定
一样，你们可以找找看，
哪片叶子裂得多。

老师，你看，
我这片裂好多！
你作弊！
分开
撕
撕

棕竹叶本来就是裂开的吗？还是被风吹裂了？
这是个好问题，有些植物的叶子本身就是裂叶，
你们知道为什么它会长成裂叶的形状吗？
大叶子容易被风吹折，
强风
苦撑
裂叶的缝隙可以让风通过，比较耐风吹。
吹过
轻松
不过有些植物的叶子长成一大片，当被强风吹后，你们猜怎么了？
被风吹破了吗？
没错，大叶子容易被风吹破，但吹破也不会怎么样，比如香蕉叶。
原来如此。

*野外观察必要时，请尽量捡取枯黄的叶子。

植物生存第二招：小心！别靠近我

刚刚乔乔提到它很像芋头。
真的有人不小心把它当成芋头吃下去。
惊吓
那会怎么样?
结果当然是……被送进医院。
芋头和海芋虽然很像，但还是可以用一些方法分辨。
芋头
滴
水珠
海芋
滴
流下
例如滴几滴水，芋头的叶子有绒毛，水会凝聚成小水珠；海芋的叶子没绒毛，所以不会形成小水珠。
考考你们，如果手心或手背不小心碰到海芋的汁液，哪个对人体更有害?
会不一样吗?
答案是手背，因为手心的皮肤没有毛孔，角质也比较厚，所以就算沾到，也不那么严重。

我家的一品红叶子断了也会有白色的汁液流出，
所以一品红的汁液也有毒吗？
没错！
真棒！
所以用毒这一招是有些植物的生存秘诀。
动物也很聪明，当有了不好的经验，就会避免接触这类有毒的植物。

这里有柠檬……
啊！好痛！
小心！有些植物会长刺，长刺的作用就是要……
小心！
刺！

要警告像小钧一样的动物，不要摸！
哈哈哈

你们知道还有哪些植物会长刺来保护自己吗？
我知道，玫瑰花的茎上也有刺。
其实不只植物的茎会长刺，有的植物叶子上面也长了……

难道有像河豚一样全身都长刺的超级外星植物？
超级无敌叶！

有种植物叫作“双面刺”，它的叶片上下都长了刺，连鸟都不想停留，所以它又叫作……
飞走
“鸟不停”！
“鸟不留”！

鸟不踏
它叫“鸟不踏”！所以在野外看到有刺的植物不要乱摸！

还有一些瓜类植物的茎叶有许多毛，让毛毛虫不好爬行，以此阻止瓜果被虫吃掉。
爬不动
原来如此啊！

刚才说到的植物都是用刺、毛来当武器对付动物，想一想，植物有没有其他的方式来求生存？
小钧你在做什么？不要乱摘啦！
断掉
我想闻闻它的味道，
动物会不会被植物的味道吓到？
闻
搓
搓
野外的植物不要随意采摘，
但是小钧你的想法很好，有些植物的确会通过气味来帮助自己生存。
寻找
我来带你们找一种植物。
来，搓一搓，闻闻看。
拉过来
搓
搓

好臭！
好奇怪的味道。
气味发散
发散
你们有没有被臭到？这个植物叫作“鸡屎藤”。
鸡屎藤
因为闻起来像鸡屎，很多动物都不喜欢，它就是用气味来对付动物。

还有其他用气味求生的植物……
你们也可以捡起几片叶子，搓搓看。
捡拾

闻到一股
香香的味道！
跟我外婆的
衣柜飘出来的
味道一样！
我今天带的防蚊液的
味道和这个味道很像。
你们的鼻子真好，
这是樟树的树叶。

樟树的木材可以做成家
具，树干和叶子可以提
制成樟脑，樟脑的味道
很特别，很多昆虫都不
喜欢。但像棉杆竹节虫、
青凤蝶，它们就不怕。
棉杆
竹节虫
青凤蝶
我知道了，
就跟骆驼一样。
没错，它们自有一套
对付这些植物的办法，
这叫作……

道高一尺，
魔高一丈！
哈哈
哈哈

植物生存第三招：分工合作求生存

还有另一种蕨类更明显，叫“连珠蕨”，

叶子前端都是一颗颗的孢子囊群，像项链一样，是用来繁殖的，

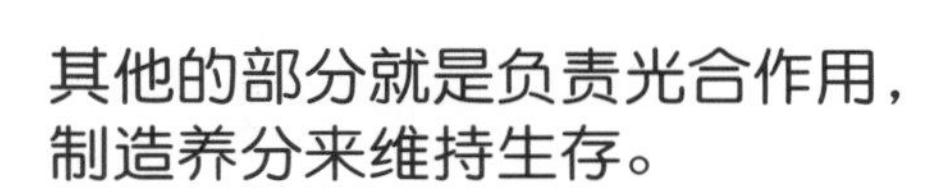

坐下
咦？
这块石头上有好多小小的叶片，里面又有长的叶子，这是一种还是两种植物啊？
有可能是一种吗？
是同一种植物！
这个植物叫作“伏石蕨”，容易生长在石头上。
伏石蕨
那为什么叶子长得不一样？
这是它的生存秘诀，它的叶子是二型叶，表示有两种叶子形状。你们自己看看，这两种有什么不同？
一种圆圆的平平的，一种长长的，会立起来。
立起来的叶子背后有好多点点，一定是它的孢子囊群啰！
翻看

没错！
比较圆的叶子是用来生长的，叫“营养叶”；比较长的叶子，叫“繁殖叶”，背后布满孢子囊群，用来繁殖。
繁殖叶
营养叶
你们好厉害，都能发现伏石蕨叶子分工的秘密。
你们猜猜看，为什么繁殖叶要立起来？
真棒！
我知道，这样风才能吹得到啊！
我来弹弹看。
弹
弹
孢子
四散
小钧，你在做什么啊？
我在模仿动物踢到它，帮助它繁殖啊！
哈哈哈

植物生存第四招：朋友真可靠！

老师，
那这棵树呢？
这棵树干上
长满了叶子，
它也是另一种靠大树
生长的植物吗？
它叫作“爬墙虎”，
但它不只攀爬大树，
它还攀爬什么？
墙！
说得也没错……
名字里有“虎”，
是跟老虎有关吗？
虎！
爬墙虎的茎会
长出像吸盘一样的根，
爬墙虎
吸盘
可以稳稳地吸住树干和
墙面，通过攀爬树或墙
来获取阳光和生长。
原来是“壁虎”的“虎”！

哎呀！我的裤子
怎么粘了好多刺？
我的衣服上
也有一些！

拔干净了吗？
你们刚才丢掉的
是植物的果实，
它们正小声地跟你们
说谢谢。
为什么要说谢谢？

因为你们正在
帮助它传播啊！
像刚刚的鬼针草，它的
果实有钩子，会粘在人
类、动物身上，掉落时
就会得到传播。

所以动物和植物
也有密切的关系！
真棒！
没错！

咦？这里正好有一种
植物可以让你们来体
验看看。
看到

这个植物的叶子长得
厚厚的，好像一朵花。
它是多肉植物，
叫“石莲”。

鬼针草是利用果实钩
在人或动物的身上来
传播繁殖，
石莲的繁殖策略不
一样！你们从上往
下轻轻压压看。
下压
没怎么样啊！

现在换成左右
拨动叶子。
左右
挥动

你把它
弄坏了啦！
啊！
散开了！
惊
散落

小钧拨动叶片，就好像是动物的脚踢了石莲一下，被踢到的石莲叶片就会散开，每一片又可以长出一棵新的石莲。
踢！
散落
所以上下和左右不一样？

没错，当小动物踩到石莲时叶片不会掉，但只要它移动踢到时，被踢到的石莲叶片就会向外散播繁殖。
踩
踢
散落
生长
所以石莲靠动物朋友帮忙，把叶子踢散，就会越长越多啦！
没错！

我们继续出发吧！

咦？这棵树上
来了好多蚂蚁！
密密麻麻
蚂蚁停在叶子上，
好像在吃东西。
它们在吃什么啊？
树叶上又没有花蜜。
虽然没有花蜜，
但仔细看，
这棵樱花树的叶子
上，长了两个小球
球，这是它的生存
武器——蜜腺！
采食
采食
靠这个生存武器，
樱花树可以和蚂蚁做朋友，
让蚂蚁来帮忙守护它。
像樱花或者油桐，
它们的叶子就长有
蜜腺，当蚂蚁来采
食蜜汁时，也连带
守护了这棵植物。
攻击！
防御！
原来如此，蚂蚁
是来帮忙守护樱
花树的。
我刚刚帮伏石蕨传播，
我也是植物的好朋友啦！

植物生存第五招：会“养小孩”的植物

拿起
连株
一串连在一起！
没错！水芙蓉周围养了好几个小宝宝，一旦被水流或动物弄断，它们就会扩散到其他地方生长，所以叫会“养小孩”的植物。
游过
碰到
断开
漂
漂走
你们觉得水芙蓉这样的生存方式好还是不好呢？
可以快速生长壮大，不好吗？
对水芙蓉很好，但它生长这么快，会不会影响其他的生物？

想想看，
就是因为大藻会
快速生长，
其他的水生植物如水藻、水蕴草等可能会因为照不到太阳而死掉，
阳光
黑暗
暗
藻类和其他水中植物死了，谁会遭殃？
吃藻类的生物，
像是水里的鱼和虾没了食物，也会渐渐消失。
怎么没吃的？
肚子饿
稀少
那这样真的不太好！
所以，有的植物的生存方式，会影响其他生物的生活。
原来植物的生存不只是和它自己有关！

这个水池里还有
另一种水生植物，
它也会“养小孩”！
老师说的是
哪一个啊？
就是睡莲！

你们看，这棵睡莲的叶
子上有个小小的芽。
冒出
叶柄
断了
发芽
如果叶子受损，或者叶柄
断了，叶上的芽就会长出
新的睡莲。
真没想到睡莲“养
小孩”是从叶子的
中间长出来的。
真棒！
会用叶片“养小孩”
的不只有一种！
有一种长在水边的蕨
类，我们来找找看。

是这个吗？
好眼力，它是东方狗脊蕨，也有“养小孩”这样的秘诀！

这个叶片上有好多小小绿绿的叶子，
它养的“小孩”是不是就是这些小叶子？

不过，我们刚刚看到的蕨类不是靠孢子传播繁殖的吗？
乔乔问得好，东方狗脊蕨除了靠孢子传播，也会长出这样小小的“不定芽”来繁殖。

这些不定芽一开始是绿色或粉红色，成熟后会变成红褐色。
落地繁殖
掉
顺水流
脱落
成熟后，不定芽会掉落地面繁殖，或掉到水面上，顺着水流到别的地方继续扩散。

有种常见的植物叫
“落地生根”，
它的叶子周围也长了
很多小的叶子。
当风吹过或者有动物经过
时，不定芽掉落地面，就
会开始生根，长出更多的
“落地生根”。
落地生根
不定芽
脱落
生长
它的名字就跟它的
生存方式一样！

好像孙悟空的七十二
变一样，变出好几个
小小孙悟空来！
张牙
舞爪
哈哈哈
我可不想有七十二个
小小钧！

植物生存能力强，真的好吗？

有些植物本身的生存力太强，会快速地生长扩散，因此影响了其他植物的生存空间。例如水池里的大薸，又叫“水芙蓉”，它的茎会增生很多不定芽株，快速扩展，造成其他水生植物死亡，鱼虾也会渐渐无法生存。

草本植物大花咸丰草，一年四季都会开花结果，早期蜂农种植它们，是为了让蜜蜂可以采花酿蜜，没想到它的生存与繁殖能力过强，反而让本土植物的生存空间缩小或消失。

还有一种世界公认的危害性植物叫“薇甘菊”，它很会攀缘，生长快速，开花结果产生的种子数量惊人，繁殖迅速。被它攀附的植物树顶被大面积遮蔽，因照射不到阳光而死亡。所以，生长、扩散快速的植物，往往会对生态造成严重的危害。

大薸（水芙蓉）

大花咸丰草

薇甘菊

植物生存第六招：疗伤自己来

你们还记不记得刚刚
闻的樟树叶？
记得，“外婆的衣柜”！

一般树枝被砍了
或者断了，
它可能会渐渐烂掉，
形成一个树洞。
修复
不良
形成
树洞
但是樟树枝被砍断了，
它周围的树皮会再生长，
慢慢填满伤口，
树干就不会有洞了。
修复
良好
慢慢
愈合

快到出口了！
今天开心吗？
你们印象最深的
植物生存秘诀
是什么？

我发现原来叶子的
外形也和生存有关，
像是仙人掌的刺
竟然是叶子，还
有长成裂叶的棕
竹叶，是为了抵
抗风的吹袭。

我觉得会“养小孩”的植物很特别，
但是像水芙蓉这样的生存招数和快速
繁殖也不好，会伤害我们的环境。
串连
串连

我喜欢伏石蕨！它
有不同的叶形，还
会分工合作，立起
来的叶子才有孢子
囊群，真有趣！
繁殖叶
营养叶

啊！小心！
掉
落
！

高耸
高耸
这片叶子好大，是从椰子树上掉下来的？
它的形状好像一根超大的羽毛！
这是大王椰子树，你们猜猜它几岁了？
一般看树几岁不是要数年轮吗？难道我们要把它砍下来看吗？
当然不行啦！提示你们，它每年大约会生长三片树叶，每落下一片叶子树干上就会形成一圈纹路。
这是数学题嘛！那我会啦！只要数数看它有几圈，再除以三，就知道答案了啊！

老师，为什么有的圈圈间隔很窄，有的圈圈间隔很宽？
数
数

乔乔你的观察很细微！
如果植物当时的生存环境和条件很好，你觉得它是不是会长得比较快？
所以当生存条件很好的时候，每一圈的间隔就会比较宽？
如果生存条件不好，它的间隔就会比较密？
可以这么说！
这里的圈圈怎么这么密？表示它那时的生长环境不太好？
会不会是当时正好移植到这个步道，所以……
原来如此啊！植物为了生存下来，真的做了很多努力啊！
换你们来努力拉我！
下课回家啰
小钧号加油！

课堂笔记

小钧

这次户外教学真的让我大开眼界，我们认识了很多种植物，还有它们生存的方法。我好喜欢伏石蕨，因为它很厉害，身上有两种不同形状的叶子，圆的叶子躺下来负责进行光合作用制造营养，细长的叶子站立起来，我把它弹一下，它就喷出好多孢子来繁殖，两种叶子彼此分工合作来求生存，真有趣！

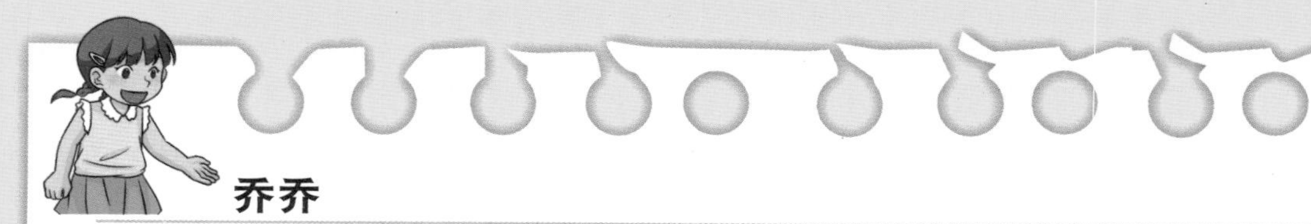

乔乔

没想到安静的植物为了生存，要付出很多的努力，可以有这么多不同的生存方法。像掌状的棕竹叶和针状的松叶，它们的形状都和生存有关。我外公种过香蕉树，叶子也一样会裂开，我现在知道叶子裂开可以避免被风吹倒。还有爬墙虎为了要争取更多的阳光，长出像吸盘一样的根，方便吸附在墙上和树上，真的很特别。

安安

我今天认识了很多植物的生存招数，平常都没有机会观察到，原来水芙蓉和睡莲都会一边长大一边“养小孩”。后来知道像水芙蓉这样生长快速的植物有点可怕，河川和水塘被这些快速生长的植物占据，短时间内会长得满满的，这样会让水里其他的植物没有办法活命，住在水里的动物也会遭殃！

阿德老师的话：

人类有别于一般动物的地方是善于学习。学习的过程包括观察、思考和创造等。人可以通过五官来察觉环境，获得新知，了解道理，并加以应用。因此长久以来，人们能从自然界中的天象、动物、植物身上学到并累积许多知识。著名的法国生物学家法布尔，就善用敏锐的观察力来向大自然学习，获得了许多的成就。

植物不会说话，通过你仔细的观察，说不定可以帮植物说很多话。像小钧用手指头模拟小动物经过石莲，触碰石莲叶子，结果叶子掉落一地，如果力道再大些，叶片得以四散飞去，每一片叶子都可以变成一株新的石莲。不久，地上就会有一片石莲。小钧通过实操印证了石莲的生存策略，这就是为什么阿德老师常说，学科学最重要的是先有想法，然后再有做法来印证对或不对！

其实植物生存在地球上已经几亿年了，比人类几百万年的历史早太多了。所以植物学会用各式各样的生存招数来适应不断变动的环境。像棕竹身体强韧，叶子裂成掌状叶，可以抵抗无情的强风。香蕉树叶子虽然很大一片，当风大的时候，可以即时裂开，降低风的破坏力，避免整株树木被风吹倒，而裂开后叶子因为叶脉彼此平行也不会折断，所以不会影响生长，真是奇妙！

跟着小朋友和阿德老师一起观察，了解植物是如何使出浑身解数来求生存，就能知道它们个个都是地球上演化成功的代表，因为演化失败的，都已经灭亡了。学问往往藏在细节里，下次有机会到户外做观察时，别忘记问植物：为什么你要长成这样呢？再帮植物想一想怎么回答。经过反复学习与练习找答案，你的观察力和思考力也会不断地提升哦！

出 版 人：常　青
艺术总监：张杏如
责任编辑：高海潮
特约编辑：陈晓玲　王才婷
美术编辑：王素莉
责任校对：刘国斌　张建红
责任印制：王　春　袁学团

ADE LAOSHI DE KEXUE JIAOSHI
书　　名：阿德老师的科学教室
ZHIWU DA SOUMI
植物大搜密
作　　者：廖进德
编　　者：信谊编辑部
绘　　图：樊千睿
出　　版：四川少年儿童出版社
地　　址：成都市锦江区三色路238号
网　　址：http://www.sccph.com.cn
网　　店：http://scsnetcbs.tmall.com
经　　销：新华书店
特约经销商：上海上谊贸易有限公司
地　　址：上海市静安区南京西路1266号恒隆广场二期3906单元
电　　话：86-21-62250452
网　　址：www.xinyituhuashu.com
印　　刷：上海当纳利印刷有限公司
成品尺寸：260mm×187mm
开　　本：16
印　　张：8.5
字　　数：170千
版　　次：2023年2月第1版
印　　次：2023年2月第1次印刷
书　　号：ISBN 978-7-5728-0871-5
定　　价：299.00元（全5册）

图书在版编目（CIP）数据

植物大搜密 / 信谊编辑部编；樊千睿绘.— 成都：
四川少年儿童出版社，2022.9
（信谊 阿德老师的科学教室；4）
ISBN 978-7-5728-0871-5

Ⅰ. ①植… Ⅱ. ①信… ②樊… Ⅲ. ①植物—少儿读
物 Ⅳ. ①Q94-49

中国版本图书馆CIP数据核字(2022)第155283号

Mr. Rad's Science Class (Vol.4)
Concept © Chin-Te Liao, 2020
Illustrations © Chian-Ruei Fan, 2020
Originally published in 2020 by Hsin Yi Publications, Taipei.
Simplified Chinese edition © 2023 by Sichuan Children's Publishing House Co., Ltd.
in conjunction with Hsin Yi Publications.

四川省版权局著作权合同登记号：图进字21-2022-305号